民族舞蹈

奇妙的肢體語言世界

檀傳寶◎主編　班建武◎編著

中華教育

目錄

看看圖中民族舞蹈的造型，你能對應地說出舞蹈的名稱嗎？

「動物」大聯歡

想像一下，一場中國多民族的舞會該有多精彩！

在舞台上，有迎風挺立的「孔雀精靈」、潔白優雅的「白天鵝」、機靈可愛的「小斑鳩」、剽悍俊逸的「黑駿馬」……

各種「動物」是你方唱罷我登場，大家都在秀自己獨特的舞姿，引來觀眾陣陣喝彩。

下面，就讓我們一起走進這場「動物」大聯歡，看看這些舞蹈高手們的獨門舞藝吧！

孔雀公主

在舞台上，一隻美麗的「孔雀」在音樂的伴奏下翩翩起舞。她時而柔美，時而歡快，時而在覓食，又時而在嬉戲……

人們完全陶醉於這隻「孔雀」的曼妙舞姿當中，更被孔雀的扮演者精湛的表演所折服。

大家都想知道，是誰能夠把孔雀的形態展現得如此惟妙惟肖，她又是來自哪裏呢？

原來，這隻「孔雀」就是來自有着「舞蹈之鄉」美譽的雲南，表演者就是我國著名舞蹈家——楊麗萍，她以「孔雀舞」聞名於世。透過她的舞姿，人們可以看到孔雀像精靈一般散發着躍動和唯美的生命氣息。

人們把楊麗萍親切地稱為「孔雀公主」。

傣族的「聖鳥」：孔雀

傳說在很久以前，孔雀的羽毛並非像現在這樣五光十色，也沒有那美麗的「圓眼」羽翎。

一次，佛祖在傣族的「擺帕拉」宗教節日慶典時突然現身。為了能得到佛光的普照，虔誠的信徒把佛祖圍得水泄不通。

有一隻棲息在遙遠天柱山上的雄孔雀得知佛祖下凡的音信後，也想獲得佛祖的青睞。但無奈人太多，孔雀無法靠近，只能在人羣外急得團團轉。

孔雀的虔誠之心被佛祖察覺後，便向孔雀投去一束佛光。恰巧這束佛光落在來回奔跑的孔雀的尾部，使孔雀尾部的根根羽翎霎時綴上了鑲有金圈的「圓眼」紋圖案，成為現在人們所見到的樣子。

佛祖離去時，特意叮囑孔雀：明年的「擺帕拉」節再見。

從此以後，每當「擺帕拉」節，佛祖釋迦牟尼便會高坐於蓮花寶座上，接受人們朝拜之後，觀看從天柱山趕來的孔雀向佛祖獻演的孔雀舞。

因此，在傣族人民心中，孔雀是「聖鳥」，象徵着善良、智慧、美麗、吉祥、幸福。

為了表達對孔雀的愛戴，傣族人民模仿孔雀的各種形象、神態翩翩起舞，創造了舉世聞名的孔雀舞。

在雲南，凡是有傣族聚居的地方，幾乎都有孔雀舞。

3

會說話的肢體

舞台上的「孔雀」不會說話，那麼，他靠甚麼征服觀眾呢？

原來，雖然「孔雀」在舞台上不張嘴說話，但是，他卻有着非常豐富的肢體語言。

如手上的動作有五位提腕手、四位攤掌立掌手、一七位按掌手等。手勢可用掌勢、孔雀手勢、腿勢、嘴半握拳勢、扇形手勢等。腳下的動作有踮步、起伏步、矮步、點步、頓錯步，還有很多的抬前、旁、後屈腿等優美的典雅舞姿。肩部往往配合手腳做柔肩、拼肩、拱肩、碎抖肩、聳肩等。豐富的舞蹈語彙，描繪出孔雀的活潑、伶俐和美麗。

猜一猜

你能從這些孔雀舞的動作中，猜出他們要表達甚麼意思嗎？

孔雀王子

　　現在舞台上的孔雀舞，大多數都是由女性來表演的。但是，孔雀舞的最初舞者並不是女性，而是男性，你知道這是為甚麼嗎？

　　傳統的孔雀舞，都是男子頭戴金盔、假面，身穿有支撐架子外罩孔雀羽翼的表演裝束，這些裝束一般都比較重。另外，過去的孔雀舞主要表現雄孔雀開屏，因此，男性來表演更合適。

　　毛相因《雙人孔雀舞》而出名，因展現出了雄孔雀的陽剛氣質而被譽為「孔雀王子」。

　　刀美蘭在《召樹屯與南吾諾娜》中，飾演孔雀公主的角色，從此結束了孔雀舞歷來由男人扮跳的歷史。

舞台上的孔雀舞

　　2006年5月20日，孔雀舞經國務院批准列入第一批國家級非物質文化遺產名錄。楊麗萍的《雀之靈》、刀美蘭的《金色的孔雀》、第七屆「桃李杯」獲獎的《孔雀飛來》和中國歌舞團《祕境之旅·碧波孔雀》是四個典型的舞台孔雀舞。

天鵝之歌

鄂溫克族的天鵝圖騰

我們都聽說過「老馬識途」，但是，美麗的天鵝也是識路高手。善良的天鵝就曾經給迷路的人引路。

相傳在古時，鄂溫克族某部落的人在草原與大部隊失散，找不到前行的方向，焦急萬分之時，忽然抬頭看見天鵝從空中飛過。於是，他們追隨着天鵝，往天鵝飛行的方向前行，不久他們便找到了自己的部落。

為了表達對吉祥之鳥——天鵝的感恩和愛戴之情，鄂溫克族人民常在節慶佳日身着盛裝，肩披白布似天鵝翅膀，頭頂一塊紅布似天鵝冠，伸展雙手上下擺動似天鵝飛翔起落。從此，人們崇敬天鵝，跳起天鵝舞來歌頌天鵝。

天鵝就像鄂溫克族人民崇拜的圖騰。天鵝飛過天空時，正在喝酒的鄂溫克族男人，必須向牠灑酒致敬；正在擠奶的鄂溫克族婦女，則向牠揮灑奶汁，嘴裏還要發出「喲！喲！」的呼聲，以示敬意。

在呼倫貝爾市鄂温克族自治旗中，
天鵝舞是男女都可以跳的舞。

人多時，先圍成一個大圈，再按單雙數分成
內外兩圈，沿着順時針方向移動，內外兩個圈不斷交
叉變換。在內圈的舞者，向前俯身，雙臂在兩胯旁微
微擺動，模仿小天鵝學步的樣子；在外圈的舞者，雙臂
向斜上方伸展，模仿天鵝高飛的樣子。然後全體合成長
隊，像鴻鵠一般飛向遠方。

一起學「天鵝舞」

鄂温克族的天鵝舞的動作比較簡單，腳
上只有一個步伐——「跟靠步」。跳舞的時
候，雙腿自然屈伸，雙臂自然彎曲交叉，分
別一上一下探出，以模仿天鵝飛翔
時的各種姿態。當音樂出現弱拍
時，一隻腳向外邁步；當出現強
拍時，另一隻腳急速靠攏，
並擊打出聲響。

天鵝的傳人——哈薩克族

傳說，在遠古的時代，一位勇士在戰鬥中負傷，被困在乾旱的戈壁灘上。勇士傷勢很重，飢渴交加，生命垂危。這時，有一隻美麗的白天鵝從天而降，把他引到了清泉邊。勇士解渴後，傷口隨之也痊癒了。

後來，這隻天鵝化作仙女下凡，並與勇士結為夫婦，婚後生下一子。這對夫婦為了紀念兩人之間這段奇特的經歷，將其子取名為「喀孜阿克」（哈薩克語中，「喀孜」就是「天鵝」，「阿克」就是白色的意思）。

此後，這對夫婦的後裔經過長期繁衍，成為一個強大的民族。為了紀念祖先，這個民族特取名為「哈薩克」。因此，哈薩克族把天鵝視為神鳥，在許多小孩的胸前，都插有天鵝的羽毛。

哈薩克族非常喜歡天鵝，總喜歡模仿天鵝的各種姿態。有時候，他們模仿天鵝展翅，有時候又模仿天鵝在水波蕩漾的湖面自由嬉戲……久而久之，他們創造了別具風格的天鵝舞。流傳在新疆阿爾泰的白天鵝舞便是其中典型的代表。

赫哲族的天鵝舞

傳說，赫哲族一位美麗勤勞的姑娘為了逃婚、抗婚，被迫無奈投河，變成了一隻美麗潔白的天鵝。人們為了表達對天鵝姑娘的懷念和敬仰，便根據天鵝的動作編排舞蹈來紀念她，這就成了赫哲族的天鵝舞。

天鵝舞的基本動作是模仿天鵝戲水、天鵝飛翔的姿勢，高潮部分是模仿天鵝的鳴叫聲——「噗、噗」的聲音。

考考你

在遊牧民族的民間舞蹈中，模擬馬、鷹、熊、羊等的形象較多，而模仿天鵝的舞蹈卻不常見，目前僅知哈薩克、鄂溫克、赫哲等民族中仍有流傳。你知道為甚麼嗎？

原來，天鵝是候鳥，冬天飛過長江到南方過冬，春天飛回北方，在新疆和黑龍江一些地區的湖邊、沼澤地帶棲息及繁殖。上述三個民族正是在此地區生活，使他們得以觀察了解天鵝的習性，因此可以根據天鵝的各種姿勢編排出各種曼妙的天鵝舞姿。

關關雎鳩

你知道《詩經》裏「關關雎鳩，在河之洲」裏的「雎鳩」是甚麼嗎？

雎鳩有可能就是一種現在叫斑鳩的鳥。這種鳥在古時被漢族認為是忠貞愛情的象徵，因此常用於比喻男女之間的愛情。

而在壯族那裏，斑鳩變成了曾協助天神驅妖的神鳥。所以，很久以前壯族人就對斑鳩虔誠崇拜，他們細心觀察斑鳩的一舉一動，並進行模仿，在求神還願的重大節日上進行表演，以祈求或酬謝神鳥的保佑，並抒發豐收後的喜悅心情。

久而久之，這就發展成了一種舞蹈——斑鳩舞，以模仿斑鳩的生活習性和動作為舞蹈動作，被當地羣眾稱為《莽羅婁》（壯語譯音，意為「有趣的斑鳩」）。

我就是斑鳩，跳舞的少女像我嗎？

熱情的斑鳩舞

　　流傳於廣西都安、馬山縣的斑鳩舞，是一種傳統的迎賓舞，一般在結婚、祝壽及元宵節等喜慶日子裏主人宴請賓客時表演。屆時聘請的歌手樂師立於門前唱歌奏樂，貴客臨門時，賓主一起跳斑鳩舞。兩人相對，模擬斑鳩動態，時而緩緩點步，舒臂飛舞；時而快步轉身，攜手雀躍，又頻頻點頭顯示親密。賓主間的深厚情誼和喜悅的心情，在這獨特別緻的形式中得到充分的展示。

動聽的《斑鳩調》

　　斑鳩舞還穿插演唱壯族山歌《斑鳩調》：「……裙吠羅妻（咧）咸（喂）嘖嘖，挖開啊蒙媽（啊）舞翩翩，磊乙溜來林乙歡，和諧生活閉物掂……」大意是說：樹上的斑鳩在歌唱，花叢的蝴蝶在跳舞，人們在敲鼓助興，幸福的生活比蜜甜。

一起學斑鳩舞

　　斑鳩舞的舞者在表演時，頭上會戴着繪製得色彩斑斕的布製斑鳩頭，身上披着青白相間的坎肩，宛如一隻斑鳩的模樣。表演動作一般是兩手展開，象徵斑鳩展翅飛翔。整套舞蹈由「擺翅」「歸巢」「揉嗦」「理毛」「抖翅」等模擬斑鳩習性的基本動作組成。

　　若是一些演技高超的舞蹈者，兩人還會輪流從夥伴背上翻滾過去，前俯着地。這樣的動作可以循環着翻滾、跳躍好幾次。表演時，一旁的樂師則會奏樂伴唱壯族山歌。

黑色的走馬

在哈薩克族眼中，馬是人們生活中不可或缺的夥伴，而「黑走馬」更是馬中尤物。牠形象剽悍雄壯，通體黑亮，步伐平穩有力，姿勢優美，蹄聲猶如鏗鏘的鼓點。因此，人人都想有一匹「黑走馬」。

但是，這樣一匹剽悍的駿馬，可不是每個人都能夠征服的。

相傳在很久以前，哈薩克族的一個小伙子在草原上發現了一匹非常剽悍的黑色野馬，他非常喜歡牠，於是用套馬索套住了這匹黑馬。這匹野馬勇猛強健，小伙子歷盡種種艱辛，才馴服了牠。

小伙子將馴服後的黑馬騎回家鄉，鄉親們聞訊紛紛前來祝賀。小伙子通過馬上、馬下的各種動作為鄉親們演繹了他捕捉和馴服黑馬的整個過程。從此以後，以騎馬為題材，表現黑馬矯健姿態的「卡拉角勒哈」（意為「黑色的走馬」）舞蹈便形成並流傳下來。

「隨性」的卡拉角勒哈

「卡拉角勒哈」的表演是比較隨性的，不需要專門的道具和服裝，隨時隨地均可即興起舞。既可在氈房裏表演，也可以在大型集會中演出；既可以一人獨跳，也可以雙人對跳，還可以多人集體表演；舞中既可以是輕鬆愉快的表演，也可以是剛強有力的表演。

哈薩克族人民在勞動、遊牧之餘，就常伴着「卡拉角勒哈」的琴聲翩翩起舞。

在跳「卡拉角勒哈」的時候，力求動作輕快有力、剛健蒼勁，主要模仿黑馬的走、跑、跳、躍等姿態，要表現出粗獷、剽悍和豪放。

在跳舞的時候，動作力求優美舒展、活潑含蓄，比如常做顯示姑娘美麗和自豪的「花兒贊」、窺視戀人的「羞窺」以及前府後仰的「展裙吊花」等動作。

舞台上的勞作

舞台上不僅有各種「動物」精靈的大聯歡，而且也有許多熱火朝天的勞動場面。

你看，藏族同胞們在忙着平整土地，黎族婦女歡樂地舂着米，而不遠處的維吾爾族則在緊張地狩獵……

「打夯」之舞

有一種舞蹈，參與的人數多達數十人，但是人們的動作卻出奇的一致。更為神奇的是，整個舞蹈並沒有音樂伴奏，有的只是人們口中不斷呼喊的聲音。

這種舞蹈，就是在藏族地區非常流行的一種民間舞蹈——果諧，它主要起源於人們的生產勞動。

在西藏，人們在從事打青稞、築牆造屋，特別是平整土地、修整屋頂時，雙手提着一根下面繫着一塊圓形石頭的木棍向下甩砸時，總是靠呼喊聲和歌聲來組織力量，煥發精神，解除疲勞。於是雙腳就隨着呼喊聲或歌聲無意地擺動起來，這樣就形成了「果諧」的雛形。

「果諧」是藏語音譯，「果」意為圓圈，「諧」意為舞。「果諧」流行在藏族廣大農村的村廣場、打麥場上，是藏族農民羣眾喜愛的一種自娛性的古老民間歌舞。

在農村長大的人，從小在「果諧」的歌聲和舞步的熏陶下，人人都能跳果諧。

舞蹈中的「定海神針」

人數這麼多，又沒有伴奏，「果諧」是靠甚麼統一大家的步伐呢？

原來，穩定眾人步伐的「定海神針」，就是舞蹈中的「諧本」。在跳「果諧」時，先由「諧本」（歌舞隊的組織者）帶頭發出「休休休休」的叫聲（稱為「諧個」）。這種叫聲有如漢語中喊「一、二、三、四，一齊跳！」。

「諧個」在舞蹈中主要就是發揮激發情緒、整齊步伐、共同起舞的作用。跳完歌頭，緊接着是一段快速歌舞，男方跳一段後女方跟着也跳一段，出現男女舞蹈競賽的熱烈場面。跳完數遍後又由「諧本」帶頭喊「休休休休」，或說一段快板詞，邊說邊跳統一步伐，藉以把舞蹈推向高潮。

一起學「果諧」

「果諧」的基本動作有：三踏一跺步，雙手左右擺。兩步一跺，手前後甩。兩步兩跺，雙手上下甩動。（左）一抬三踏步接（右）一抬跺兩步，雙手從右「垂手」向左甩手，倒步原轉，右手起做「單蓋手」。

小百科

藏族民間自娛性舞蹈可分為「諧」和「卓」兩大類。「諧」主要是流傳在藏族民間的集體歌舞形式，其中又分為四種：「果諧」、「果卓」（即「鍋莊」）、「堆諧」和「諧」。「卓」以表演各類圓圈「鼓舞」為主，其中也有以原始「擬獸舞」為素材，加工整理後所形成的表演舞蹈。在「卓」的整個舞蹈中以「歌時不舞，舞時不歌」為特點，技巧性表演佔舞蹈的主要地位。

狩獵之舞

　　狩獵舞是新疆地區流行的一種舞蹈。你知道狩獵的過程是怎樣的嗎？

　　如果你不知道，那麼，看看刀郎舞，也許你就能了解狩獵到底是怎麼一回事。

　　刀郎舞分為「且克提賣（跟蹤獵物）、「塞乃姆」（圍獵搏鬥）、「塞尼開斯提」（狩獵告捷）、「色里瑪」（喜慶勝利）四大段，表現了古代刀郎人在原始森林中與大自然抗爭的智慧和勇敢。開始的散板是「號召全體參加狩獵」，接着是「舉着火把找尋野獸」「勇敢地和野獸搏鬥」「奮起追逐野獸」，直至「圍殲」和「勝利後的喜悅」。

　　整個舞蹈過程基本上就是圍繞着狩獵的過程而展開的。刀郎舞是刀郎人生命的一部分，自小兒至老者不會跳刀郎舞的刀郎人幾乎沒有。

▲ 刀郎舞

　　「刀郎」是麥蓋提的古地名，它的意思是成堆成羣。很久以前，在塔克拉瑪干大沙漠有一塊良田綠洲，居住着一些人。後來由於大自然的變遷以及戰爭的影響，這塊良田綠洲變成一堆一堆的沙丘，人們只好向葉爾羌河流域搬遷。同時從喀什地區、和田地區、葉城縣、莎車縣等地也流入一部分尋求生活出路的人。這些按地區習慣分居成堆，形成一堆一堆的居民點，當時維吾爾族稱其為「堆郎」，後來語音又轉變成「多郎」或「刀郎」。至今在麥蓋提縣居民中，仍有不少人稱自己為「刀郎人」。

一支跳不完的舞

　　除了刀郎舞外，新疆還有許多著名的舞蹈。其中「賽乃姆」是流傳範圍最廣的舞蹈之一。

　　「賽乃姆」是一種非常自由活潑的舞蹈，舞者即興表演，和音樂節奏相適應即可。可一人獨舞、兩人對舞，或三五人同舞，均統一在「賽乃姆」的節奏中進行。先由優秀的舞者起舞，然後有禮貌地邀請別人，被請者還禮後接替起舞，如此禮貌相邀，舞者不斷。舞蹈的進行，隨着音樂節奏由中速逐漸轉快，當音樂舞蹈進入高潮時，大家常用熱情奔放的聲音呼喊助威，這時人聲、鼓樂聲歡騰喧鬧，將氣氛推向高潮。

賽乃姆 ▶

生活中的「賽乃姆」

「賽乃姆」是維吾爾族人日常生活中不可或缺的一部分。每當喜慶佳節、舉行婚禮、親友聚會時，都要跳「賽乃姆」；村裏有人請客，同村男女老少一起參加，晚會的主要活動便是「賽乃姆」；當人們勞累、思念親友、身處逆境、苦悶發愁時，也會跳「賽乃姆」。「賽乃姆」已經融入維吾爾族人民的生活中，如同呼吸一樣自然。

▼ 維吾爾族舞蹈有很多種類：自娛性舞蹈「賽乃姆」、禮俗性舞蹈「刀郎舞」、風俗性舞蹈「薩瑪舞」、表演性舞蹈「盤子舞」「手鼓舞」等

「賽乃姆」的起源

「賽乃姆」在維吾爾語中是「偶像」「神像」「美人」「美女」的意思。據說「賽乃姆」的名字是由「賽蘭木」演變而來。相傳，在 16 世紀，賽蘭木人大批遷徙到新疆庫車地區定居，他們以「胡旋舞」「柘枝舞」著名，而這便是「賽乃姆」的雛形。由於此舞由賽蘭木人帶來，於是取名為「賽蘭木」，後來逐漸演變為「賽乃姆」。

「賽乃姆」中的生活

「賽乃姆」的舞蹈姿態大多來源於生活，比如「托帽」「挽袖」「瞭望」「撫胸」等，這些動作都是維吾爾族人日常生活中的常見動作。當表演到高潮時，舞者單腿跪蹲，雙手先在腹前擊掌，然後移至頭上繞腕，而後左手扶於膝上，輕輕來回移頸。

一起學「新疆舞」

新疆舞蹈的一個重要特徵就是「移頸」，你知道練好這項本領的「祕訣」是甚麼嗎？

(1) 找一個直角形的牆角，把兩個肩膀卡在直角中間，保證身體動不了的同時，嘗試在水平面上移動脖子，用耳朵去貼牆。

(2) 把兩隻手分別放在兩個肩膀和耳朵之間，手掌對着耳朵，移動脖子，用耳朵去貼手。

(3) 把後背貼在牆上或高背的椅子上，保證肩部不動，把頭擺正，水平移動脖子。

(4) 照着鏡子兩手交叉放在肩膀上，用力壓住肩膀不動，把頭擺正，移動脖子，脖子不要繃得太緊。

「舂米」的舞蹈

在古代，沒有手機也沒有網絡，人們怎樣傳遞信息呢？

在北方，點狼煙是過去人們及時傳遞信息的重要方式。而在南方，人們發明了一種神奇的「千里傳音訊」術——舂米。

舂米不就是給米粒脫殼嗎？它怎麼具有「千里傳音訊」的功效呢？據說，在很早以前，舂米就是一種用來傳遞黎族婚慶信號的方式。

你知道這是為甚麼嗎？

因為舂米能產生擊打聲。當時有人發現舂米杵撞擊臼的聲音可以傳播很遠，於是便採用它來作為傳遞婚慶信號的方式。後來，村與村之間舉辦婚慶活動，也常常利用舂米杵撞擊臼聲音的大小來比較陣勢。舂米就變成了黎族重要的信息傳遞方式。久而久之，這種傳遞信息的方式就逐漸演變成一種舞蹈——舂米舞，在黎族地區廣泛流傳。

▲ 海南黎族婦女的舂米舞

20

有人認為，黎族婦女的舂米舞是從日常的舂米勞動中演變而來的。婦女們為了緩解舂米勞動的勞累、提高舂米的效率，在揮動舂米杵時加入了一些優美的動作，久而久之便形成了舂米舞。

每當喜慶時分，婦女們便聚在一起，在大木臼中放入稻穀，手握木杵，跳起舂米舞。杵和臼的擊打、杵和杵的碰撞，產生了鏗鏘有力的音樂節奏，伴隨着這古樸、有力的節奏，黎族婦女們便跳起歡快的舂米舞。

高山族的舂米舞

舂米舞不是黎族的專利，在寶島台灣，高山族的雅美、布農、邵、鄒等部族中，也有一種舞蹈——杵舞，與舂米舞十分相似。

杵舞是高山族民間舞蹈，流行於我國台灣日月潭地區。「杵」由木頭製成，一人多高，長的可達 2 米。由女子三五成羣，環繞臼石，雙手抱持一根長杵，在石臼上做輕勻而有節奏的撞擊，發出清脆的聲響，有的還邊歌邊舞，表演高山族婦女在石臼中搗穀等勞動生活。

舂米謠

舂米臼聲處處響，
誰見黎寨斷臼聲，
誰見黎家斷人情。

咕咕咚咚把米舂，
舂米臼聲處處響，
過去家家無米臼，
舂得舂臼通了空。

咕咕咚咚把米舂，
舂米臼聲處處響，
如今糧米大豐收，
舂米聲聲多歡暢。

考考你

壯族的「扁擔舞」、佤族的「舂碓舞」、珞巴族的「刀舞」等，都是反映這些民族生產特徵的舞蹈。除了這些外，你還知道哪些民族舞蹈來源於他們的生活？

神奇的舞蹈「伴侶」

很多人在喝咖啡的時候，總喜歡加一些咖啡伴侶，這樣會讓咖啡的口感更好一些。同樣，很多精彩的民族舞蹈，也得益於它們各自神奇的舞蹈「伴侶」的加入。

比如，傣族的象腳鼓、朝鮮族的長鼓、蒙古族的筷子⋯⋯

這些神奇的舞蹈「伴侶」，它們的魅力在哪裏呢？

會跳舞的「象腳」

如果你見過大象，你一定對牠那健碩、笨重的大腿印象深刻。

如果我告訴你，就是這個看似笨拙的大腿，卻能跳出歡快的舞蹈，你相信嗎？

在傣族、德昂族、景頗族、佤族、傈僳族、拉祜族、布朗族、阿昌族等民族地區，流行着一種舞蹈——象腳鼓舞。這種舞蹈的主要道具，就是象腳鼓。它是模仿大象的腿而製成的一種樂器。傣族的很多舞蹈，都離不開象腳鼓的參與。

傣族人民只要聽到象腳鼓聲，就不由自主地跳起舞來。人們用象腳鼓為孔雀舞伴奏時，形成了特有的鼓語，如象腳鼓打「約並崩、約並崩、約並約麗麗」時，即是說「好好抬、好好抬、翅膀好好抬」，當孔雀舞者聽到這個鼓點，即做抬翅膀的動作。

看看我的腳，這個象腳鼓像我的腳嗎？

象腳鼓舞的神奇傳說

據說很久以前，傣族地區每年都有洪災，人們不能安居樂業。原來這是因為一條蛟龍在作孽，大家都對這條蛟龍恨之入骨。看到鄉親們所遭受的災難，一個勇敢的傣族青年，心裏暗暗發誓，一定要殺掉蛟龍，為民除害。經過艱辛的努力，青年在鄉親們的幫助下，終於殺死了蛟龍。在慶祝勝利的時候，人們為了表示對蛟龍的憎恨、對美好生活的憧憬，就剝下蛟龍的皮，仿照象徵吉祥如意的白象的腳，做成了象腳鼓。從此，象腳鼓的咚咚聲，響徹傣家村寨，表達出傣族人民的歡樂心情。

傣族與大象

在傣族人民心目中，大象象徵着五穀豐登。傣族自古就有養象的傳統，傣族居住的地區有「大象的樂園」之稱。現在你到西雙版納等傣族聚居的地方旅遊，一定會發現那裏有許多和大象有關的工藝品。

參與性很強的國家非物質文化遺產之一

2008 年，象腳鼓舞進入國務院第二批國家級非物質文化遺產名錄。作為國家非物質文化遺產，象腳鼓舞具有很強的羣眾參與性。在傣族的男子中，從少年到上了年紀的老者，都會跳象腳鼓舞。每逢節日，到處都能看到象腳鼓舞。

傣族人民的生活中，從出生的慶賀
到生命的終結，都與象腳鼓分不開。當
寨子出現危機時敲響象腳鼓，大家一起
解決困難；有人不幸去世，敲響象腳鼓，
一起去哀悼；有喜事敲響象腳鼓，全寨
人一起去慶賀；莊稼播種前敲響象腳鼓，
大家跳起歡快的舞蹈，祈求風調雨順，
五穀豐登；過年過節敲響象腳鼓，傣族
人民和着鼓點跳起歡快的象腳鼓舞，新
的一年又充滿希望。

　　象腳鼓用木材製成，鼓面蒙皮，鼓皮四周用細牛皮條勒緊，繫於鼓的下部，可調節鬆緊，分
大、中、小三種。

　　有的擊鼓技巧特別出眾者，還能以鼓代「言」，用象腳鼓和另一鼓手以鼓「對話」。

　　在傣族地區，人們只要一聽到象腳鼓響，就會放下手中的活，聚到一起，和着鼓的節奏盡情
跳舞、歡樂。

象腳鼓舞 ▶

男人的舞蹈

　　跳象腳鼓舞的人一般都是身強力壯的男子。因為象腳鼓本身很重，體積比一般的鼓大，人們身上挎着鼓跳完一場，往往累得滿頭大汗。舞時，男子伴着象腳鼓熱烈歡快的節奏，腳步踏地有力、雙膝曲直交替、身體上下起伏，宛如漫步在叢林中的大象，穩健、豪邁、有力、熱情。

一起學「象腳鼓舞」

使用象腳鼓時：

(1) 將其背帶掛在肩上；

(2) 鼓身斜向身前 (也可以將其立於地上)；

(3) 左手扶住鼓面；

(4) 以左手食指、中指、無名指、小指和右手配合交替敲擊鼓面 (高潮時，也可用手肘、腳參與擊奏)。

會說兩種語言的「沙漏」

沙漏是古代的一種計時器。

但是，朝鮮族有一種神奇的「沙漏」，它不是用來計時的，而是用來跳舞的。更為神奇的是，這種「沙漏」還可以發出兩種完全不同的聲音，就好像它會說兩種語言似的。

這個神奇的「沙漏」，就是朝鮮族舞蹈中最常見的樂器——長鼓。

神奇的長鼓

長鼓又稱杖鼓、兩杖鼓，鼓身用木材製作而成，兩端呈圓筒形、粗而中空，中間細而實。兩端鼓腔蒙皮，皮膜以鐵圈為框，再由皮條或繩索繃緊，可調節鬆緊。

左鼓腔：
我比你粗，我蒙牛皮、馬皮或豬皮，我能發出柔和深沉的低音。

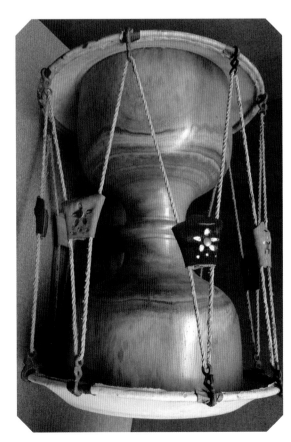

右鼓腔：
我比你細，我蒙鹿皮或狗皮，我能發出清脆明亮的高音。

一起學「柳手」「鶴步」

柳手：手臂充分地延伸，手臂舞動的節奏與呼
　　　吸一致，起落時，大臂帶動小臂，小
　　　臂帶動手腕，手腕帶動鼓槌。
鶴步：腳步具有很強的律動節奏，步伐與自身
　　　呼吸及敲擊節奏一致而行進、跳躍、
　　　旋轉。

長鼓舞的特點

　　長鼓舞脫胎於農樂舞，因此農樂舞中的民俗在長鼓
舞中有很明顯的體現。長鼓舞音樂一般為三段：首先，
有音樂伴奏，情緒舒緩；接着，沒有音樂，情緒激昂；
最後，回到最初音樂。而在長鼓舞高潮中，也有民間本
有的逗趣、競技等娛樂形式。

　　表演者舞蹈時，兩隻手同時擊打鼓的兩面。一隻
手用一尺長的鞭敲打着高音鼓面，另一隻手拍打低音鼓
面，變化多端的鼓點伴着優美的舞姿，使人格外的興奮
和愉悅。長鼓舞常常是由慢板起拍逐漸加快，幾經跌宕，
最後結束在飛快的旋轉裏，戛然而止，使人熱血沸騰。

舞動的「餐具」

筷子和碗是我們最常用的餐具。

你有沒有想過，有一天這些我們日常生活中所用的這些筷子和碗竟會走上舞台，歡快地跳起舞來？這樣的事情並非異想天開，蒙古族就真的讓筷子和碗「跳」起舞來。

這就是蒙古族中常見的筷子舞和盅碗舞。

▲ 知道他們手上的舞蹈道具是甚麼嗎？就是我們在生活中經常用到的餐具：筷子

▲ 看清楚了嗎？這跟吃飯用的筷子不同的地方是，它們上面都纏有一塊彩色布條。這樣，在舞動的時候，就會顯得更加好看

筷子舞的來源

　　筷子舞因用筷子伴舞而得名，原是婚禮、喜慶節日歡宴時，由男藝人表演的單人舞蹈。表演者手握一把筷子，用它敲打身體各部位，節奏感強，情緒激烈。後來專門把筷子的一端用小繩串起來，用紅綢裝飾，成為精美的道具，舞者可以單手或者雙手執之表演，從而增強了表現力。

　　據說，康熙帝每年除夕和元宵在保和殿賜宴外藩蒙古王公時，宴會上都會跳筷子舞。

舞蹈中的雜技

流行於內蒙古鄂爾多斯地區的民間舞——盅碗舞，原為牧民在歡宴、敬賓時即興而舞。改編後的盅碗舞，表演者身着鄂爾多斯地區婦女服飾，頭頂三至四個瓷碗，雙手各持一對瓷酒盅；舞蹈時，頭部沉穩、上身端莊，碗與頭似為一體，雙手擊打酒盅、甩腕揮臂，動作剛柔相濟、灑脫優美。舞蹈的高難度技巧動作，如連續快速「平轉」「碎抖肩」等，表現出舞者高超的技藝水平。

▲ 別看表演者頭上頂着這麼多碗，但是這並不影響她跳舞

一起學「筷子舞」

(1) 雙手胸前交叉擊打筷子，也可擊打雙肩。

(2) 雙手腹前交叉擊打筷子。

(3) 雙手胸前擊打筷子，接着一手打肩、一手交叉打腿。

(4) 一手打肩，一手轉圈打擊地面並蹲轉。

(5) 雙手胸前擊打筷子，接着一手順着打腿；再雙手胸前打筷子，接着換手交叉打肩。

筷子舞要是跳不好，會把自己打得很疼。

你能根據上邊的描述，挑戰一下其中的一個動作嗎？

頭髮也瘋狂

別以為碗筷在舞台上跳舞就很瘋狂。

更為瘋狂的舞蹈道具其實是人們自己的身體。

在一些民族的舞蹈中，他們的道具就是自己的頭髮。

在佤族等少數民族中，婦女們都喜歡留長髮，並以長髮為美。因此，頭髮的妙處，已經被佤族婦女們熟練運用，她們經常在各種場合利用長髮的優勢跳起熱烈的「甩髮舞」。

▲ 佤族姑娘都喜歡甩動自己的長髮起舞，這種舞被稱為「甩髮舞」

甩髮舞的傳說

相傳五百多年前，一個叫葉帶的姑娘創造出了甩髮舞。傳說葉帶和小伙子岩奇相愛，有一天他們相約到竹林裏找竹筍，竹林裏的蜘蛛網有很多粘在了葉帶的頭髮上。葉帶回到寨裏，用了三天三夜的時間，想了很多辦法都沒有把蜘蛛網清除乾淨。聰明的岩奇做了一把竹木梳送給葉帶，讓她用它梳頭髮，再到水槽中沖洗頭髮，最後甩乾頭髮。葉帶照那樣做，結果蜘蛛網全部都清除掉了。於是，葉帶根據自己的體驗，約姑娘們一起邊唱邊跳，編出了甩髮舞。

欣賞甩髮舞

佤族女子喜歡留長髮，甩髮舞很好地表現了這一點。在舞蹈中，通常會出現佤族女子在竹樓陽台洗髮、甩髮、梳髮的場景。

甩髮舞節奏強烈，動作優美瀟灑，展現了佤族姑娘美麗善良、勤勞豪放、粗獷純樸的性格。

甩髮舞的禁忌

甩髮舞不在剽牛祭祀、老人死後、蓋新房、婚嫁喜慶等場合跳。其餘任何時間、任何地點都可以跳。

高山族的雅美人也是跳甩髮舞的高手。過去，由於民俗禁忌，雅美人婦女白天不跳舞，她們認為「白天舞蹈被男人看到是一種恥辱」，所以多在月夜海灘上跳舞。

甩髮舞的經典裝扮

甩髮舞的服飾以黑色和紅色為主色調，突顯簡潔、大方，配以銀手鐲、各色珠鏈、大圈耳環、銀頭箍等。

手舞足蹈的時刻

並不是所有的民族舞蹈我們都能隨時隨地看到。有些民族舞蹈，只有在特定的場合與時間，才會跳起來。

彝族的「阿細跳月」是月光下的舞蹈。撒拉族的「駱駝舞」只在婚禮上才跳。而在滿族，當祭祀時，薩滿法師才會「翩翩起舞」……

月光下的約會

「月上柳梢頭，人約黃昏後」，月光是很多浪漫愛情故事必不可少的元素。

在我國西南地區居住着的彝族，他們的愛情也與月亮有着十分密切的關係。彝族著名的優秀民間舞蹈「阿細跳月」，最初反映的就是彝族青年男女在戀愛約會時所跳的舞。

「跳月」原為「跳樂」。過去青年男女約會，為了避開長輩，便於夜晚相約於村外的山野林間，趁着月色起舞，由於在月下起舞，便成了「跳月」。而「阿細」則是彝族的自稱。

「阿細跳月」原是男女相互溝通感情的自娛性舞蹈，現已成為喜慶時分彝族人民的娛樂性活動。

「阿細跳月」的傳說

阿細人是彝族的一個支系。傳說很早以前，彝族人民過着刀耕火種的生活，每當春耕時節，他們白天給土司頭人幹活，夜間才能藉着月光趕種自己的「火地」。在火灰尚未熄滅的地裏，人們光着腳板勞動，腳被燙疼了就抬起來跳兩下，還「嘖嘖」地喊兩聲，這就形成了舞蹈的基本步伐。由於這種舞蹈是在月下跳的，後來又演變為青年男女娛樂和戀愛時跳的舞蹈，所以就叫「阿細跳月」。

舞林高手

每當節日或農閒，相鄰村寨的青年男女便會約定時間聚會。這種聚會有一個要求，甲村來男子，則乙村只能來女子。相會前，女方在林間打扮，並故意消磨時間；男子明知女方在梳妝，卻有意要把短笛吹得急促，把大三弦彈得急切。待梳妝好，伴着悠揚的笛聲，女方拍着清脆的掌聲跳出樹林，並列隊與男

方一起歡舞，曲調和着舞步，弦聲扣着心聲，別具一番風味。月下的舞蹈歡快熱烈、粗獷奔放。載歌載舞中，男女雙方各自尋找自己如意的伴侶。

婚禮上的駱駝舞

很多地方舉行婚禮，都會請人來唱戲，以增加喜慶熱鬧氣氛。

居住在青海省一帶的撒拉族，也有着自己獨特的婚禮戲——駱駝舞。與其他舞蹈不同的是，駱駝舞既沒有音樂伴奏，也沒有複雜的舞蹈動作，只有簡單的生活場景、駝鈴和生活禮節性的動作。舞時，會有朗誦、即興演唱等，誇

新郎英俊瀟灑、學識淵博，讚美新娘貌若天仙、溫柔賢淑。

但是，就是這樣一支簡單的舞蹈，在很長一段時間裏卻是撒拉族婚禮必不可少的內容，甚至整個婚禮都是圍繞它而展開的。

你知道這是為甚麼嗎？

駱駝舞中的歷史

　　駱駝舞在撒拉語中叫「對委奧依納」，它帶有較強的戲劇色彩，是撒拉族傳統舞劇。駱駝舞在婚禮之夜表演，主要追述撒拉族先民遷來循化的艱難歷程，以緬懷先輩，延續民族記憶。

　　元代後期，世居中亞撒馬爾罕（今烏茲別克斯坦中部）撒魯爾部落的尕勒莽、阿合莽兄弟二人，不堪忍受部落貴族的毀謗、排擠、傾軋，率領族人長途跋涉，輾轉遷徙到青海循化定居下來。今循化街子地區保留着為尕勒莽和阿合莽建造的「拱北」，「拱北」附近一泓泉水被稱為「駱駝泉」，是撒拉族祖先遠途遷徙而來的紀念。

駱駝舞的劇本

表演地點：男方庭院

表演人數：四人

道具：一本《古蘭經》、一個火把、
　　　一桿秤、一個水瓶、一條褡
　　　褳、一根柺棍。

服裝：皮毛製作成的駱駝道具服、中
　　　亞風格的長袍和披風、頭巾。

劇情介紹：

　　一人扮演當地居民，類似於蒙古人打扮；一人打扮成遠道而來的撒拉族先民的樣子，身着長袍，頭戴頭巾，手拄柺棍；其餘兩人反穿皮襖，一人搭住一人，裝成駱駝，扛着《古蘭經》，邊舞邊唱。

　　表演中主要是「蒙古人」和「先民」的對話，主要反映先民遷徙的過程，結尾處會結合婚禮進行「要喜食」、朗誦、演講等。整個舞蹈沒有嚴格的隊形站位和動作。

駱駝泉傳奇

駱駝泉是撒拉族傳說中的一處聖跡。撒拉族先民曾經歷過艱難的遷徙過程，一路上是牽着駱駝行進的。到了烏土斯山，白駱駝走失了，第二天，他們在沙子坡下發現一汪清泉，而走失的駱駝則已臥在泉中化為白石。他們觀察了這裏的水土，發現其與故鄉的水土完全相同，於是便在這裏定居下來。駱駝承載着撒拉族沉重的民族歷史，撒拉族非常崇敬與愛惜駱駝泉。

跳大神的薩滿

很多民族都相信，在這個世界上存在着某種神祕的力量，這種力量可以決定人們的生老病死。因此，人們在遇到各種困難的時候，都會求助於這種力量。

於是，人們創造出了許多與這種力量對話的方式。薩滿舞、師公舞等，就是人和神之間對話和交流的重要途徑。

薩滿舞是薩滿在祭祀、驅邪、祛病等「跳大神」時跳的舞，通過「跳大神」，薩滿與神靈進行溝通，並向其祈禱，願神靈保佑氏族所有成員。薩滿舞在禱詞、咒語、吟唱和鼓聲中進行，整個過程充滿神祕色彩。蒙古族、鄂倫春族、滿族等北方十幾個民族中都有薩滿舞。

薩滿是甚麼？

「薩滿」原詞含有：智者、曉徹、探究等意思。薩滿被稱為神與人之間的中介者。他們主要通過兩種方式與神溝通：一是薩滿通過他們的舞蹈、擊鼓、歌唱等邀請神靈，使神靈以所謂「附體」的方式附着在薩滿體內，並通過薩滿的軀體完成與凡人的交流；二是通過舞蹈、擊鼓、歌唱等方式，薩滿可以做到「靈魂出竅」，以此在精神世界裏上天入地，使薩滿的靈魂能夠脫離現實世界去同神靈交往。

在跳大神的過程中，薩滿頭戴鹿角帽、熊頭帽，並以鷹翎裝飾帽子，穿獸骨、獸牙做成的神服，腰繫腰鈴，手拿抓鼓、神杖，抓鼓作為法器也是伴奏樂器。薩滿在法器的伴奏下，會模擬野獸、雄鷹等的動作跳起舞來。

形式多樣的薩滿舞

單人舞 整體風格比較莊嚴肅穆。多顯示正面，上身挺直，雙臂可平伸，也可以向上舉，還可以在胸前環繞；整個體態保持平衡，雙腿展開或作馬步，要穩健有力。

雙人舞 是娛樂神靈的舞蹈，較單人舞動作豐富、靈活，富於變化。舞時，一人作領舞薩滿，另一人與領舞者配合，模仿領舞者的動作。

三人舞 三人舞也是娛樂神靈的舞蹈，舞蹈動作豐富多樣。舞時，主祭薩滿帶領祭祀活動的參與者共舞，參與者不一定都是訓練有素的薩滿。

羣舞 動作簡單、變化不大，大多與祈禱動作相似。舞時，大家圍繞主祭薩滿或者神物而舞，動作要整齊有力。

民族舞蹈七巧板

你能根據七巧板拼出民族舞蹈的造型（孔雀、天鵝、馬、舂米的竹筒、大象、沙漏、筷子、駱駝等）嗎？請按虛線剪出七巧板，拼出你喜歡的造型吧！

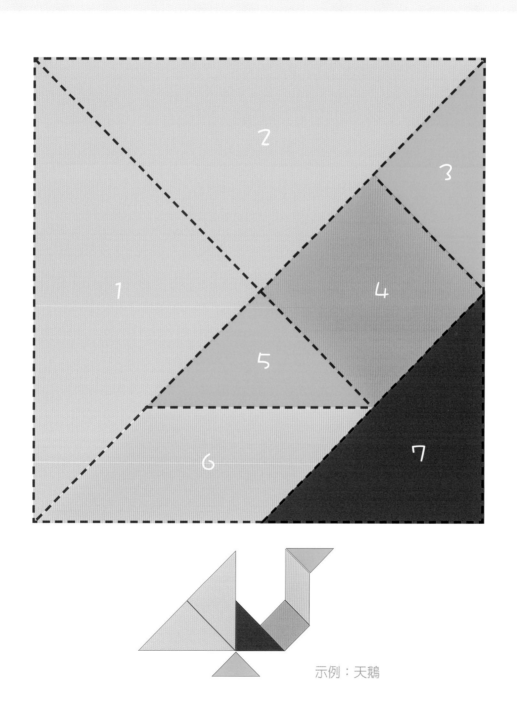

示例：天鵝

我的家在中國・民族之旅②

奇妙的
肢體語言世界 | 民族舞蹈

檀傳寶◎主編　班建武◎編著

責任編輯：鍾昕恩
裝幀設計：龐雅美
排　版：龐雅美　鄧佩儀
印　務：劉漢舉

出版 / 中華教育

香港北角英皇道 499 號北角工業大廈 1 樓 B

電話：（852）2137 2338

傳真：（852）2713 8202

電子郵件：info@chunghwabook.com.hk

網址：https://www.chunghwabook.com.hk/

發行 / 香港聯合書刊物流有限公司

香港新界荃灣德士古道 220-248 號

荃灣工業中心 16 樓

電話：（852）2150 2100

傳真：（852）2407 3062

電子郵件：info@suplogistics.com.hk

印刷 / 美雅印刷製本有限公司

香港觀塘榮業街 6 號

海濱工業大廈 4 樓 A 室

版次 / 2021 年 3 月第 1 版第 1 次印刷

©2021 中華教育

規格 / 16 開（265 mm × 210 mm）